Sitzungsberichte
der Akademie der Wissenschaften
der DDR
Mathematik – Naturwissenschaften – Technik

Jahrgang 1985 · Nr. 7/N

Helmut Moritz

Geodäsie und Erdrotation

AKADEMIE-VERLAG · BERLIN
1985

Vortrag von Prof. Dr. techn. Dr.-Ing. E. h.
Helmut Moritz, Korrespondierendes Mitglied
der Österreichischen Akademie der Wissenschaften
und Auswärtiges Mitglied der Akademie der
Wissenschaften der DDR, gehalten in der gemeinsamen
Sitzung der Klasse Geo- und Kosmoswissenschaften
und des Forschungsbereiches Geo- und Kosmoswissen-
schaften am 3. Oktober 1984

Herausgegeben im Auftrage
des Präsidenten der Akademie
der Wissenschaften der DDR
von Vizepräsident Prof. Dr. Heinz Stiller

ISSN 0138-3965
Erschienen im Akademie-Verlag, DDR-1086 Berlin, Leipziger Str. 3-4

Lizenznummer: 202 · 100/63/85
Printed in the German Democratic Republic
Gesamtherstellung: VEB Druckhaus Köthen
LSV 5115
Bestellnummer: 763 495 9 (2010/85/7/N)
00200

1. Einleitung

Im Problem der Erdrotation begegnen sich heute drei Disziplinen: Astronomie, Geodäsie und Geophysik. Der Vortragende ist ein Geodät und deshalb werden geodätische Aspekte etwas hervortreten. Er wird aber versuchen, einen auch für Wissenschaftler aus anderen Fachgebieten verständlichen Einführungs- und Überblicksvortrag zu halten. Das Schwergewicht wird daher auf grundlegenden Erscheinungen liegen, die auch quantitativ gut bekannt sind.

Lange Zeit hindurch war die Erdrotation ein klassisches Gebiet der Astronomie Die Erdachse steht nicht normal auf der Ebene der Bahn der Erde um die Sonne: die Äquatorebene (normal zur Erdachse) bildet mit der Ekliptik (Ebene der Erdbahn) einen Winkel ε von etwa 23,5°, der Schiefe der Ekliptik heißt; dies ist als Ursache der Jahreszeiten allgemein bekannt. Seit langem weiß man auch, daß, obwohl der Winkel ε ziemlich konstant bleibt, die Erdachse gegenüber dem Fixsternraum ihre Richtung verändert: das ist die Erscheinung von **Präzession und Nutation** (Abb. 1).

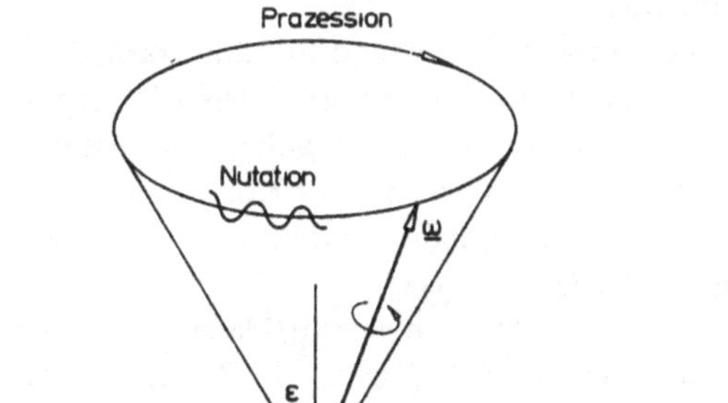

Abb. 1: Präzession und Nutation

Die Rotationsachse der Erde hat die Richtung des Rotationsvektors ω, dessen Betrag die Winkelgeschwindigkeit der Erdrotation darstellt. Diese Achse beschreibt einen Kegel vom Öffnungswinkel $\varepsilon = 23{,}5°$, wobei sie jährlich etwa 50″ zurücklegt, so daß der gesamte Kegel in einer Periode von 26000 Jahren durchlaufen wird; der

Name dieser Periode, platonisches Jahr, deutet bereits auf den antiken Ursprung hin. Dieser gleichförmig fortschreitenden Bewegung entlang eines Kreiskegels, der Präzession, ist eine im wesentlichen periodische Bewegung überlagert, die Nutation, welche eine Hauptperiode von 18,6 Jahren und eine Amplitude von etwa 17″ besitzt.

Präzession und Nutation besitzen grundlegende Bedeutung für die Astronomie, denn sie beeinflussen die Koordinaten der Fixsterne, die fast ausschließlich auf den Äquator und damit auf die variable Erdachse bezogen sind.

Besonders wichtig für das gesamte menschliche Leben war stets der Betrag des Vektors $\boldsymbol{\omega}$, nämlich die **Rotationsgeschwindigkeit** $\boldsymbol{\omega}$. Diese regelt nicht nur die Folge von Tag und Nacht, sondern wegen der außerordentlichen Konstanz von ω bildete die Erde, durch ihre Rotation, die bis vor wenigen Jahrzehnten genaueste verfügbare Uhr. Und wieder war es die Astronomie, die durch die Beobachtung der Rotation der Erde gegenüber dem Fixsternhimmel dieses grundlegende Zeitmaß lieferte.

Erst durch die neuzeitlichen Quarzuhren war es möglich, kleine Schwankungen von ω nachzuweisen. Heute freilich geben die Atomuhren ein Zeitmaß, das noch viel genauer, konstanter und leichter realisierbar ist als die alten astronomischen Zeitmaße (die Sternzeit oder, mit ihr linear verbunden, die Weltzeit UT-Universal Time). Daher hat heute die „Atomzeit" AT die astronomische Zeit UT als praktisches Zeitmaß ersetzt. Gegenüber der gleichförmigen Atomzeit weist die Erdrotation außerordentlich kleine Variationen auf, welche die Größenordnung einiger Millisekunden besitzen.

Wir haben schon die Bewegung der Erdachse bezüglich eines Inertialsystems (oben etwas unscharf als „Fixsternraum" bezeichnet) erwähnt, nämlich Präzession und Nutation. Die Rotationsachse der Erde bewegt sich jedoch auch bezüglich des Erdkörpers; das ist die **Polbewegung**. Sie hat eine wesentlich geringere Größenordnung als die Nutation, nämlich durchschnittlich 0,2″ oder 6 m an der Erdoberfläche. Deshalb wurde sie erst vor etwa hundert Jahren entdeckt.

Schon Euler hatte berechnet, daß eine solche Polbewegung für eine starre Erde, falls sie überhaupt existiert, eine Periode von etwa 300 Tagen hat [1]. Die Abweichung der tatsächlich beobachteten Periode von etwa 430 Tagen (Chandler, 1891) von der Eulerschen Periode deutet darauf hin, daß die Erde kein starrer Körper sein kann, sondern ein ganz bestimmtes globales Elastizitätsverhalten aufweisen muß. Dieses Ergebnis hat grundlegende Bedeutung für die Geophysik.

Die Untersuchungen von Chandler beruhten auf den wenigen Meßdaten, die damals zur Verfügung standen; Pionierarbeit hatte seit 1884 F. Küstner in Berlin geleistet. (Wir bemerken auch, daß der ebenfalls 1884 erschienene zweite Band des grundlegenden Werkes [2] von F. R. Helmert, des späteren Direktors des Geodätischen Instituts Potsdam, mit einer vorbildlich exakten Darstellung der Rotation der starren Erde beginnt und bereits Gedanken zur Rotationsbewegung einer nicht starren Erde enthält.) Die Notwendigkeit einer systematischen und langfristigen internationalen Zusammenarbeit wurde bald von Astronomen und Geodäten wie Fergola, Schiaparelli, Förster und Helmert erkannt und der Internationalen Geodätischen Assoziation vorgetragen. Im Jahre 1895 wurde der Internationale Breitendienst gemeinsam von den internationalen geodätischen und astronomischen Assoziationen eingerichtet;

die Beobachtungen begannen 1899. Der Internationale Breitendienst ist wohl das älteste Beispiel wahrhaft internationaler wissenschaftlicher Zusammenarbeit: mit gewissen Änderungen und der Zeit entsprechenden Erweiterungen besteht diese Zusammenarbeit praktisch ununterbrochen bis heute.

Wie der Name „Breitendienst" andeutet, ist das klassische Verfahren zur Beobachtung der Polbewegung die fortdauernde Messung der geographischen Breite in einer Reihe astronomischer Observatorien. Die Polbewegung bewirkt kleine Änderungen der geographischen Breite (die auf die momentane Erdachse bezogen ist) der Beobachtungsstationen, und aus den gemessenen Breitenänderungen kann man die Polbewegung bestimmen.

Von Anfang an waren die Geodäten ebenso an der Polbewegung interessiert wie die Astronomen, denn die astronomisch beobachteten geographischen Breiten müssen wegen der Polbewegung reduziert werden, um sich auf ein gleichbleibendes terrestrisches Referenzsystem zu beziehen und damit für genaue geodätische Zwecke zu dienen. In der Tat ist die Polbewegung so unregelmäßig, daß sie nur empirisch bestimmt werden kann (Abb. 2).

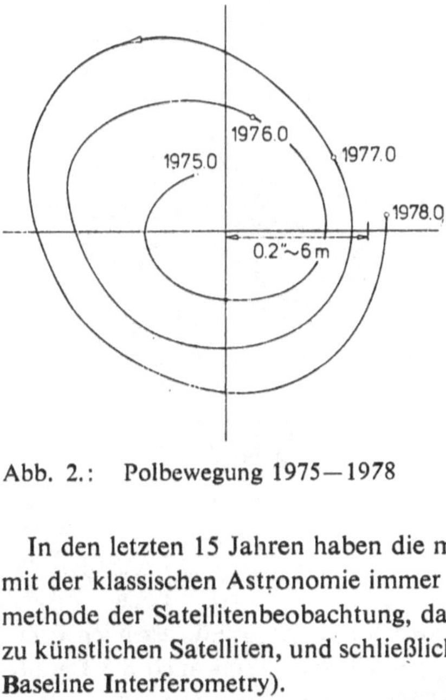

Abb. 2.: Polbewegung 1975—1978

In den letzten 15 Jahren haben die modernen Methoden der kosmischen Geodäsie mit der klassischen Astronomie immer erfolgreicher gewetteifert: zuerst die Dopplermethode der Satellitenbeobachtung, dann die Laser-Distanzmessung zum Mond und zu künstlichen Satelliten, und schließlich die Radio-Interferometrie (VLBI: Very Long Baseline Interferometry).

Abb. 3 versucht, das Prinzip der Satellitenverfahren zu veranschaulichen. Die Satellitenbahnen, deren Lage im Raum als bekannt vorausgesetzt wird, bilden ein Bezugssystem, in das die Orientierung der Erde durch Beobachtung eingeordnet wird.

Diese modernen Methoden, besonders Laser und VLBI, ermöglichen Genauigkeiten von einigen cm, um eine Größenordnung besser als die klassische Astronomie. Die fast hundert Jahre bestehende Meßreihe der astronomischen Breitenbeobachtungen behält freilich dabei ihren unschätzbaren Wert.

Zur Zeit läuft die internationale MERIT-Kampagne (**M**onitoring **E**arth **R**otation and **I**ntercomparison of **T**echniques), welche die verschiedenen Verfahren der Bestimmung der Polbewegung miteinander vergleichen und Empfehlungen für die weitere Gestaltung des internationalen Dienstes für die Polbewegung abgeben soll.

Für die Realisierung eines exakten globalen geodätischen Bezugssystems braucht man heute die Rotation und Orientierung der Erde mit der Genauigkeit von einigen cm. Solche Bezugssysteme werden benötigt, um die Möglichkeiten der neuen kosmischen Verfahren der Geodäsie, einschließlich der Methode GPS (**G**lobal **P**ositioning **S**ystem), voll auszuschöpfen, z.B. für die Messung der Kontinentalverschiebung.

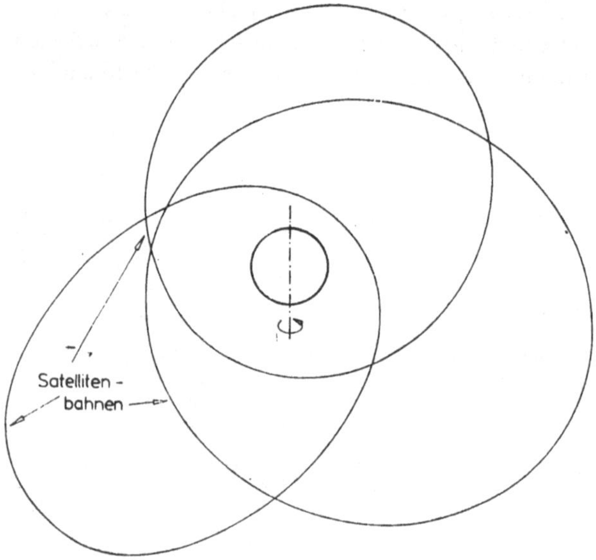

Abb. 3: Satellitenbahnen als Bezugssystem für die Orientierung der Erde

2. Mechanische Grundlagen

Nach diesen einführenden Betrachtungen wollen wir die zugrundeliegenden Prinzipien aus der Mechanik betrachten. Sie sind sehr einfach, wenn auch die Details schließlich recht kompliziert werden.

In der Tat, „fast“ alles, was wir brauchen, ist die bekannte Grundgleichung der Drehbewegung:

$$\frac{d\boldsymbol{H}}{dt} = \boldsymbol{L}, \tag{1}$$

welche den Drehimpuls $\boldsymbol{H}$ und das Drehmoment $\boldsymbol{L}$ miteinander verbindet; d/dt ist die Ableitung nach der Zeit. Diese Gleichung gilt innerhalb der Grenzen der klassischen Mechanik für einen beliebigen Körper: er kann starr oder elastisch sein oder sogar beliebige Struktur haben (etwa eine elastische oder anelastische Erde mit flüssigem Kern und mit Atmosphäre). Alles Folgende wird gewissermaßen Variationen über das Thema (1) bilden.

Allgemein gesprochen, charakterisiert $\boldsymbol{H}$ den Bewegungszustand bei der Rotation, während $\boldsymbol{L}$ die Wirkung der äußeren Kräfte auf die Drehbewegung ausdrückt. Die äußeren Kräfte ändern also den Bewegungszustand gemäß (1).

Im „Idealfall" (der eigentlich der tatsächlichen Situation schon sehr nahe kommt), kann man die Erde als Rotationsellipsoid betrachten, und der Drehimpulsvektor $\boldsymbol{H}$ und der bereits früher eingeführte Rotationsvektor $\boldsymbol{\omega}$ sind konstant und fallen mit der Symmetrieachse des Ellipsoids zusammen. In anderen Worten, die „Figurenachse" F (Symmetrieachse), die „Drehimpulsachse" H (Richtung des Vektors $\boldsymbol{H}$) und die „Rotationsachse" R (Richtung von $\boldsymbol{\omega}$) fallen zusammen:

$$R = H = F, \tag{2}$$

so daß man einfach von „der" Erdachse sprechen kann. Offensichtlich ist hier $\boldsymbol{L} = 0$ in (1).

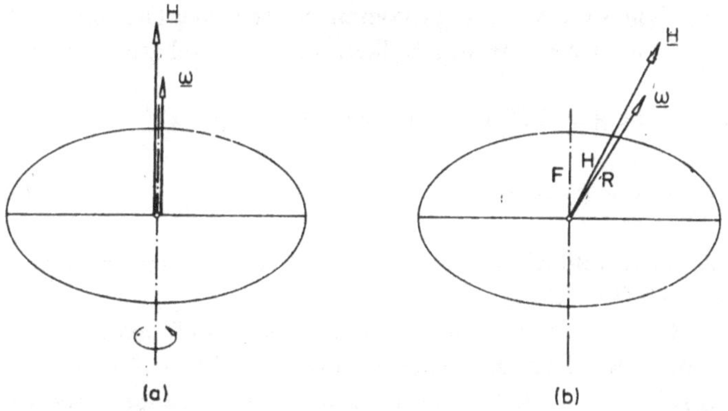

Abb. 4: „Idealfall" (a) und „Realfall" (b)

Im Realfall ist $\boldsymbol{L}$ die Resultierende der von Sonne und Mond durch ihre Anziehung auf die Erde ausgeübten Drehmomente. Daher ist $\boldsymbol{L} \neq 0$ (wenn auch klein) und damit gilt $\boldsymbol{H} \neq$ const., $\boldsymbol{\omega} \neq$ const. und

$$R \neq H \neq F; \tag{3}$$

(vgl. Abb. 4).

Das lunisolare Drehmoment $\boldsymbol{L}$ ist aus der Astronomie sehr genau bekannt. Daher kann man die Grundgleichung (1) lösen und erhält mathematische Ausdrücke für

Präzession und Nutation. In der Tat gilt die Gleichung (1) für ein Inertialsystem und beschreibt daher die Orientierung der Erde im „Fixsternraum".

Für die Polbewegung, welche sich auf ein terrestrisches System bezieht, muß die Gleichung (1) auf ein solches mit der Erde rotierendes System transformiert werden. Das bekannte Ergebnis ist

$$\frac{d\boldsymbol{H}}{dt} + \boldsymbol{\omega} \times \boldsymbol{H} = \boldsymbol{L}, \tag{4}$$

es tritt also das äußere Produkt der Vektoren $\boldsymbol{\omega}$ und $\boldsymbol{H}$ hinzu. Diese Gleichung beschreibt die Polbewegung auf dieselbe Weise, wie (1) Präzession und Nutation beschreibt.

Genauer gesagt, bestimmen (1) und (4) die Bewegung der Drehimpulsachse. Für die Beschreibung der Rotationsachse entsprechend (4) muß man den Drehimpuls $\boldsymbol{H}$ durch die Beziehung

$$\boldsymbol{H} = \boldsymbol{C}\,\boldsymbol{\omega} + \boldsymbol{h} \tag{5}$$

eliminieren. Hier stellt $\boldsymbol{C}$ eine symmetrische quadratische Matrix, den Trägheitstensor, dar. Für einen starren Körper ist Gl. (5), mit $\boldsymbol{h} = 0$, wohlbekannt: $\boldsymbol{H}$ ist eine lineare Funktion von $\boldsymbol{\omega}$, und $\boldsymbol{C} = \text{const}$. Für eine nicht starre Erde gilt (5) ebenfalls, nur ist dann der Trägheitstensor wegen der zeitlichen Veränderung der Erdgestalt nicht mehr konstant, sondern geringfügig variabel, und es kommt ein relativer Drehimpuls $\boldsymbol{h}$ hinzu, der vor allem die Relativbewegung von Erdkern und Atmosphäre gegenüber dem Erdmantel ausdrückt.

Das Einsetzen von (5) in (4) ergibt die Euler-Liouville-Gleichung

$$\frac{d}{dt}(\boldsymbol{C}\,\boldsymbol{\omega} + \boldsymbol{h}) + \boldsymbol{\omega} \times (\boldsymbol{C}\,\boldsymbol{\omega} + \boldsymbol{h}) = \boldsymbol{L}, \tag{6}$$

welche die Polbewegung der Rotationsachse beschreibt und sehr allgemein für beliebige Erdmodelle und auch für die reale Erde gilt.

Es ist notwendig, gedanklich die Drehimpulsachse (Richtung von $\boldsymbol{H}$) und die Rotationsachse (Richtung von $\boldsymbol{\omega}$) wohl zu unterscheiden. Praktisch fallen (für die freie Bewegung, siehe unten) jedoch beide Achsen bis auf 2 cm an der Erdoberfläche zusammen, so daß wir in dieser vereinfachten Darstellung die Achsen nicht unterscheiden und einfach von Polbewegung als Bewegung der „Erdachse" sprechen wollen.

Im Gegensatz zu Präzession und Nutation, die beide vom lunisolaren Drehmoment „erzwungene" Bewegungen der Erdachse sind, ist der Hauptanteil bei der Polbewegung eine „freie" Bewegung, d.h. nicht verursacht durch äußere Kräfte. Diese freie Chandler-Bewegung ist mehr oder weniger kreisförmig (eher weniger, wie Abb. 2 zeigt), mit einem mittleren Radius von 6 m; sie erfolgt gegen den Uhrzeigersinn (betrachtet von einem Beobachter, der sich über dem Nordpol befindet) mit einer Periode von 430 Tagen. (Tatsächlich weist die Bewegung zwei Hauptperioden auf, die Chandler-Periode von 430 Tagen und eine Jahresperiode, die von den jahreszeitlich wirkenden Bewegungen der Atmosphäre herrührt, vgl. [3].) Dieser freien Bewegung ist eine lunisolar „erzwungene“ Störung von geringerer Amplitude (um 60 cm) überlagert, die im Uhrzeigersinn mit einer Hauptperiode von etwa 1 Tag erfolgt. Geometrisch betrachtet verhalten sich freie und erzwungene Polbewegung etwa so wie Präzession und Nutation (Abb. 1), nur in beträchtlich reduziertem räumlichen und zeitlichen Maßstab: die Chandler-Periode entspricht dem Platonischen Jahr, und die Tagesperiode der Nutationsperiode von etwa 19 Jahren. Physikalisch gesehen ist diese Analogie freilich nicht stichhaltig, denn sowohl Präzession als auch Nutation sind lunisolar erzwungene Bewegungen.

3. Haupteffekte

Bisher haben wir, neben der freien Bewegung, als Hauptursache das lunisolare Drehmoment, also die Anziehung von Sonne und Mond, kennengelernt.

Eine beträchtliche Rolle spielen jedoch auch die Struktur und Zusammensetzung der Erde. Die **Elastizität des Mantels** ist bereits in Abschnitt 1 als Ursache der Verlängerung der Chandler-Periode von 300 auf 430 Tage festgestellt worden. Ebenso wichtig sind der flüssige Erdkern und die Atmosphäre.

Erdkern. Wegen der Elliptizität des Erdkerns besteht eine „Trägheitskopplung“ zwischen dem flüssigen Erdkern und dem Mantel. Eine solche Trägheitskopplung ist auch die Ursache, daß man ein rohes und ein hartgekochtes Ei dadurch voneinander unterscheiden kann, daß man beide wie Spielkreisel auf einer Tischplatte rotieren läßt: das Rotationsverhalten des Eies mit einem flüssigen Kern ist ein anderes.

Die Trägheitskopplung beeinflußt nur die Polbewegung, nicht aber die Schwankungen der Rotationsgeschwindigkeit. Dies zeigt Abb. 5; eine Kippung der Erdachse stößt auf Widerstand wegen der Trägheit des ellipsoidischen Erdkerns. Eine solche Wirkung erfolgt nicht, wenn sich die Rotationsgeschwindigkeit der Erde vergrößert oder verkleinert: wegen des kreisförmigen Querschnitts gibt es keinen Widerstand des Kerns (vorausgesetzt, man vernachlässigt die Viskosität des flüssigen Kerns).

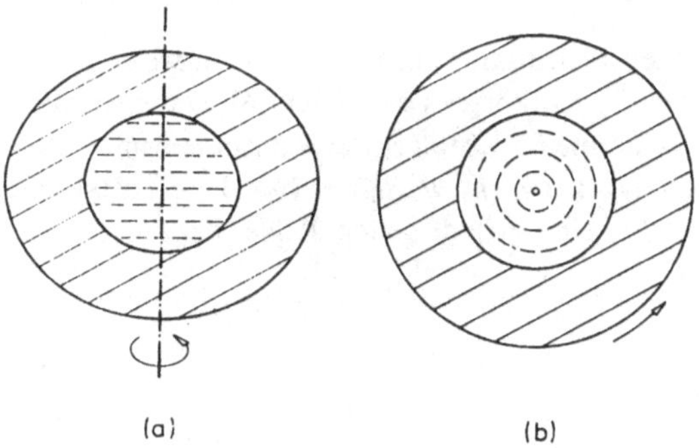

Abb. 5: Trägheitskopplung beeinflußt Polbewegung (a), aber nicht Schwankungen der Rotationsgeschwindigkeit (b)

Atmosphäre. Um das Wesen des Effekts der Atmosphäre zu verstehen, wollen wir das Problem so weit als möglich vereinfachen. Wir vernachlässigen die lunisolare Anziehung, so daß $\boldsymbol{L} = 0$ gilt, und wir verwenden Gl. (1) statt (4). Dann folgt $\mathrm{d}\boldsymbol{H}/\mathrm{d}t = 0$, so daß

$$\boldsymbol{H} = \boldsymbol{H}_{\text{Erdkörper}} + \boldsymbol{H}_{\text{Atmosphäre}} = \text{const.}, \tag{7}$$

wobei also $\boldsymbol{H}$ den gesamten Drehimpuls der Erde einschließlich der Atmosphäre darstellt. Daraus folgt

$$\boldsymbol{H}_{\text{Erdkörper}} = -\boldsymbol{H}_{\text{Atmosphäre}} + \text{const.}, \tag{8}$$

eine außerordentlich einfache Beziehung zwischen dem Drehimpuls des Erdkörpers und dem der Atmosphäre. Jede Änderung des letzteren durch die Zirkulation von Luftmassen ändert den Drehimpuls der festen Erde und damit ihre Rotation.

Wieder sei mir ein populärer Vergleich gestattet. Betrachten wir eine Gruppe von Sportlern, die gemeinsam in einer Richtung laufen. Um den Gesamt-Drehimpuls zu erhalten, wird die Erde eine ganz geringe Rotation in der umgekehrten Richtung ausführen. Natürlich ist diese Reaktion der Erde unmeßbar klein; ersetzt man aber die Gruppe von Läufern durch die in ständiger Bewegung befindlichen globalen Luftmassen, so wird der Effekt meßbar.

Es scheint, daß etwa 80% der unregelmäßigen Polbewegung durch die Bewegung der Atmosphäre verursacht werden und aus globalen meteorologischen Daten berechnet werden können.

Überblick über Haupteffekte und Wechselwirkungen. Abb. 6 versucht eine schematische Darstellung. Die Hauptursachen sind Trägheit, lunisolare Anziehung und atmosphärische Einflüsse.

Wenn man jeder Wirkung eine Ursache zuschreiben will, muß man nämlich als „Ursache" für die freie Bewegung die Trägheit ansehen. Im Rahmen der klassischen Mechanik mag es gekünstelt erscheinen, Trägheit und gravitationelle Anziehung sozusagen auf gleiche Stufe zu stellen; in der allgemeinen Relativitätstheorie ist das selbstverständlich.

Es besteht eine enge Relation zwischen Erdrotation und Erdgezeiten, welche mehr oder minder periodische Deformationen des Erdkörpers darstellen [4]. Diese Relation läßt sich gut im Infinitesimalen durch bekannte Beziehungen der Kontinuumsmechanik verstehen. Dort spielt der Deformationsvektor $\boldsymbol{u} = (u_1, u_2, u_3) = (u_i)$, der die elastische (oder anelastische) Deformation darstellt, eine grundlegende Rolle, ebenso wie die Matrix der Deformationsgradienten

$$\boldsymbol{U} = \left[\frac{\partial u_i}{\partial x_j}\right] \tag{9}$$

(x_j bedeuten rechtwinklige Koordinaten $x_1 = x$, $x_2 = y$, $x_3 = z$). Diese Matrix kann nun in einen symmetrischen und einen antisymmetrischen Anteil zerlegt werden:

$$
\begin{aligned}
\boldsymbol{U} &= \boldsymbol{R} + \boldsymbol{D} = [r_{ij}] + [d_{ij}], \\
r_{ij} &= \frac{1}{2}\left(\frac{\partial u_i}{\partial x_j} - \frac{\partial u_j}{\partial x_i}\right), \\
d_{ij} &= \frac{1}{2}\left(\frac{\partial u_i}{\partial x_j} + \frac{\partial u_j}{\partial x_i}\right).
\end{aligned}
\tag{10}
$$

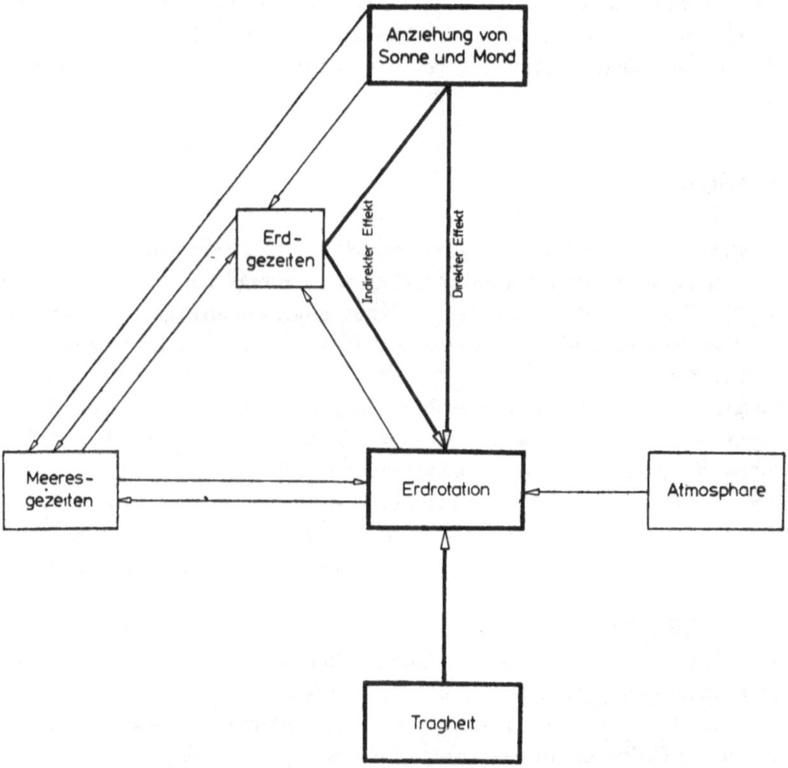

Abb. 6: Haupteffekte bei Erdrotation

Die antisymmetrische Matrix $\boldsymbol{R}$ bezeichnet eine (infinitesimale) Rotation, und die Matrix $\boldsymbol{D}$, als Verzerrungstensor bekannt, beschreibt die Deformation, wie sie durch Gezeiten verursacht wird.

Abb. 6 zeigt, daß die lunisolare Anziehung sowohl die Gezeiten erzeugt als auch einen direkten Einfluß auf die Erdrotation, durch das lunisolare Drehmoment $\boldsymbol{L}$, besitzt. Es gibt aber auch einen indirekten Effekt: die Änderung der Gestalt der Erde durch die Gezeiten beeinflußt ihr Rotationsverhalten. Der indirekte Effekt der Erdgezeiten ist mathematisch außerordentlich einfach und unmittelbar, was wir in der Abbildung dadurch anzudeuten versuchten, daß die Linie für den indirekten Effekt das Rechteck „Erdgezeiten“ gerade nur berührt.

Bei den Meeresgezeiten ist die Lage wegen ihrer Unregelmäßigkeit wesentlich komplizierter. Daher ist die Wirkung der Meeresgezeiten auf die Erdrotation wesentlich weniger einfach und direkt. Am besten stellt man sie sich als Austausch von Drehimpuls zwischen Ozeanen und fester Erde vor, wie wir ihn bereits bei der Atmosphäre kennengelernt haben.

Umgekehrt beeinflußt die Erdrotation auch die Meeresgezeiten, und es gibt eine Wechselwirkung zwischen Erdgezeiten und Meeresgezeiten, wie dies in Abb. 6 dargestellt ist. Für weitere Details kann auf das demnächst erscheinende Buch [5] verwiesen werden.

4. Andere geophysikalische Effekte

Die im vorhergehenden Abschnitt beschriebenen Haupteffekte sind gut bekannt und mathematisch und quantitativ beschreibbar. Darüber hinaus bestehen aber noch weitere Unregelmäßigkeiten, die weniger gut bekannt sind, die aber großes geophysikalisches Interesse besitzen und daher in der geophysikalischen Literatur eingehend diskutiert werden; siehe [6] und [7].

Dekadenvariationen. Neben den atmosphärischen Effekten, die von den Jahreszeiten abhängen und daher im wesentlichen eine Jahresperiode besitzen, gibt es beträchtliche Schwankungen in der Rotationsgeschwindigkeit (etwa 5 ms) mit längeren Perioden. Diese werden auf eine Kopplung zwischen Kern und Mantel zurückgeführt, die elektromagnetisch (Dynamoeffekt) oder „topographisch“ (durch Unebenheiten in der Grenzfläche Kern-Mantel) verursacht sein könnten. Hier dauert die Diskussion noch an.

Tektonische Effekte. Große tektonische Bewegungen, etwa Drift von Kontinentalplatten oder auch große Erdbeben, haben notwendigerweise einen Einfluß auf Erdrotation und Polbewegung, denn sie ändern den Trägheitstensor C. Qualitativ ist die Sachlage klar, aber von einer quantitativen Beschreibung und Nutzung dieser Effekte (etwa für die Erdbebenvorhersage) sind wir noch weit entfernt.

Gezeitenreibung. Wie bei jedem realen mechanischen System wird auch bei der Erde durch Reibung mechanische Energie in Wärme umgewandelt. Dies geschieht z.B. beim Aufprall der Gezeitenwellen an die Küste. Diese Dissipation mechanischer Energie bewirkt eine sehr geringe Verlangsamung der Erdrotation, etwa 2 ms/Jahrhundert. Auch hier besteht der Effekt ohne Zweifel, aber seine mathematische Beschreibung würde eine bessere Kenntnis des anelastischen Verhaltens des Erdmantels voraussetzen, als wir sie zur Zeit besitzen.

Anregung der Polbewegung. Ebenfalls wegen der Reibung müßte die freie Chandlerbewegung abklingen und zur Ruhe kommen, wenn sie nicht dauernd angeregt würde. Der Mechanismus einer solchen Anregung ist noch unklar.

Alle diese und andere geophysikalische Effekte (z.B. eine säkuläre Polwanderung) stellen ein interessantes, aber sehr schwieriges Forschungsgebiet dar, für welches die genauen Resultate der modernen Beobachtungsverfahren wichtige empirische Grundlagen liefern werden.

Literatur

[1] F. Klein und A. Sommerfeld: Über die Theorie des Kreisels, B. G. Teubner, Leipzig 1897 (Nachdruck 1965).

[2] F. R. Helmert: Die mathematischen und physikalischen Theorien der Höheren Geodäsie, Bd. 2, B. G. Teubner, Leipzig 1884 (Nachdruck 1962).

[3] H. Jochmann: Die Erdrotation als zyklischer Vorgang und Indikator zyklischer Vorgänge am Erdkörper, Z. geol. Wiss. 12, 197–205, 1984.

[4] P. Melchior: The Tides of the Planet Earth, Pergamon Press, Oxford 1983.

[5] H. Moritz und I. I. Mueller: Earth Rotation: Theory and Observation, Frederick Ungar, New York 1985 (im Druck).

[6] W. H. Munk und G. J. F. Macdonald: The Rotation of the Earth, Cambridge Univ. Press, 1960 (Nachdruck 1975).

[7] K. Lambeck: The Earth's Variable Rotation, Cambridge Univ. Press, 1980.

Kolibri 360 GmbH
Ferdinand-Jühlke-Straße 7
99095 Erfurt, Deutschland
produktsicherheit@kolibri360.de